BEI GRIN MACHT SICH IHR WISSEN BEZAHLT

- Wir veröffentlichen Ihre Hausarbeit, Bachelor- und Masterarbeit

- Ihr eigenes eBook und Buch - weltweit in allen wichtigen Shops

- Verdienen Sie an jedem Verkauf

Jetzt bei www.GRIN.com hochladen und kostenlos publizieren

Bibliografische Information der Deutschen Nationalbibliothek:

Die Deutsche Bibliothek verzeichnet diese Publikation in der Deutschen Nationalbibliografie; detaillierte bibliografische Daten sind im Internet über http://dnb.d-nb.de/ abrufbar.

Dieses Werk sowie alle darin enthaltenen einzelnen Beiträge und Abbildungen sind urheberrechtlich geschützt. Jede Verwertung, die nicht ausdrücklich vom Urheberrechtsschutz zugelassen ist, bedarf der vorherigen Zustimmung des Verlages. Das gilt insbesondere für Vervielfältigungen, Bearbeitungen, Übersetzungen, Mikroverfilmungen, Auswertungen durch Datenbanken und für die Einspeicherung und Verarbeitung in elektronische Systeme. Alle Rechte, auch die des auszugsweisen Nachdrucks, der fotomechanischen Wiedergabe (einschließlich Mikrokopie) sowie der Auswertung durch Datenbanken oder ähnliche Einrichtungen, vorbehalten.

Impressum:

Copyright © 2018 GRIN Verlag
Druck und Bindung: Books on Demand GmbH, Norderstedt Germany
ISBN: 9783668725263

Dieses Buch bei GRIN:

https://www.grin.com/document/429334

Michael Dienst

Strömungsadaptive, resiliente Finne für Surfboards

Transactions in Suffering Innovations T25 SI798

GRIN Verlag

GRIN - Your knowledge has value

Der GRIN Verlag publiziert seit 1998 wissenschaftliche Arbeiten von Studenten, Hochschullehrern und anderen Akademikern als eBook und gedrucktes Buch. Die Verlagswebsite www.grin.com ist die ideale Plattform zur Veröffentlichung von Hausarbeiten, Abschlussarbeiten, wissenschaftlichen Aufsätzen, Dissertationen und Fachbüchern.

Besuchen Sie uns im Internet:

http://www.grin.com/

http://www.facebook.com/grincom

http://www.twitter.com/grin_com

„Transactions in suffering Innovations"

Ideen verbrennen im Park

Der Wedding ist heute wunderschön
und ich fühl` mich seltsam stark.
Was hält mich da noch im Labor?
Wir gehen zum Led Zeppelin,
der gefällt mir mehr als je zuvor,
bei ungefähr tausend Kelvin.
Komm, lass uns Patente verbrennen im Park.

Mi. Berlin 2016

Den Ausführungen sei ein Traktat vorangestellt. Die Textbeiträge zum Stand der Technik und den „Transactions in Suffering Innovations" besitzen ein dynamisches Format und sind, beginnend im November 2016, in folgender Weise geordnet und überschrieben:

Titel:	Artefakt
Untertitel:	Transactions in Suffering Innovations T[NUMMER]SI[Mi-KENNUNG]
Datum:	Freigabe
Prolog	[Kontext]
Kerntext	[Technische Beschreibung]
Epilog	[Hintergründe und Dialoge]

Traktat

über die Beiträge zum Stand der Technik und zu den „Transactions in Suffering Innovations"

Die „Transactions in Suffering Innovations" bilden eine Sammlung von Schriften über Artefakte im Themenfeld Biologie & Technik, die in loser Reihenfolge erscheint. Es besteht durchaus die Absicht, den Stand der Technik zu verändern.

Gegenstand der Beiträge zu den Schriften der „Transactions in Suffering Innovations" sind Artefakte, Problemlösungen, Gestaltungsfragen und die kritische Auseinandersetzung mit Themen der Bionik, also Technik nach Vorbildern aus der belebten und unbelebten Natur und ihre Umsetzung. In ausgesuchten Fällen sind Technische Beschreibungen nach Standards des Deutschen Patent und Markenrechts[1] verfasst.

Mit den „Transactions in Suffering Innovations" soll der Fortschritt auf dem Gebiet der angewandten Bionik dadurch gefördert werden, dass die dargestellten notleidenden Artefakte, Problem- und Gestaltungslösungen frei von Rechten Dritter sind und mit ausdrücklicher Genehmigung dem Leser zur Nutzung verfügbar werden.

In den „Transactions in Suffering Innovations" werden ausschließlich Artefakte offeriert, die nicht unter das Arbeitnehmererfindungsgesetzes ArbErfG[2] fallen oder in der Vergangenheit fielen.

Die in den „Transactions in Suffering Innovations" dargestellten Artefakte sind insofern notleidend, da sie einerseits aus materieller Not nicht weiterverfolgt werden, ein Umstand der sich vielleicht wieder ändern mag. Andererseits sind die dargestellten Artefakte notleidend, weil sie möglichweise auftretender oder voranschreitenden geistigen Umnachtung zum Opfer zu fallen drohen; ein Umstand der sich wohl nicht mehr ändern wird.

Als Übergeordneter Absicht gilt es solche Forschung anzustoßen, die Lösungswege der Übertragung biologischer Phänomene untersucht und Fragestellungen betrifft, die im Zusammenhang stehen mit Natur und Technik.

Die Beiträge zum Stand der Technik und den „Transactions in Suffering Innovations" sind in deutscher Sprache verfasst. Dem Text wird gegebenenfalls eine teilweise oder vollständige Übersetzung in englischer Sprache beigestellt. In einer Ausgabe der Schriftensammlung wird jeweils nur ein Werk platziert. Den Ausführungen wird gegebenenfalls ein Prolog vor und ein Epilog nachgestellt.

Mi. Dienst

---

[1] https://www.dpma.de/patent/anmeldung/index.html
[2] Am 7. Februar 2002 trat die Novellierung des Arbeitnehmererfindungsgesetzes ArbErfG in Kraft.

Titel: **Strömungsadaptive, resiliente Finne für Surfboards**

Untertitel: Transactions in Suffering Innovations T25 SI798
11. Juni 2018

Technische Beschreibung

Strömungsadaptive, resiliente Finne für Surfboards

Die Erfindung betrifft eine Surfboardfinne, deren Gestalt sich der beaufschlagenden Strömung selbstständig anformt. Die Konstruktion des Tragflügels der Finne ist kompakt und robust und es werden widerstandsfähige, natürliche und rezyklierbare Materialien eingesetzt. Die Belastungsadaption der Finne wird über die besondere Gestaltung eines über drei Achsen beweglichen Gelenkgetriebes erreicht. Die Finnengesamtkonstruktion ist symmetrisch ausgeführt und ist zur gestaltkompatiblen Montage an standardisierte Einbauflansche für Surfboards diverser Hersteller geeignet. Die Konstruktion der Finne, die Belastungsadaption, Robustheit und Kompaktheit folgen den Gestaltungsparadigmata für Resilienz-Konstruktionen. Das Surfboard und die Einbauflansche für sind nicht Gegenstand der Erfindung. Das Tragflügelteil der Surfboardfinne besitzt eine strömungsmechanisch wirksame und bauartbedingt, eine achssymmetrische Profilkontur. Die Finnengesamt-konstruktion entspricht einer Differentialkonstruktion.

Stand der Technik und der Wissenschaft. Profile
Ein Strömungsprofil bezeichnet die Querschnittgeometrie von Kraft- und Arbeitstragflügeln in Strömungsrichtung des umgebenden Fluids. Kontur bezeichnet dabei die umhüllende Gestalt eines Strömungskörpers. Dreidimensionale Körperkonturen können eben, konvex oder konkav sein. Elastisch- flexible Profilkonturen sind Stand der Technik und der Wissenschaft. Flexible Profilkonturen für Surfboardfinnen sind Stand der Technik. Elastische Finnen vom Stand der Technik verhalten sich mechanisch orthodox; dies bedeutet, dass die strukturelle Bauteilverformung der Richtung der beaufschlagenden Kraft folgt.

Stand der Technik. Leitflächen an Surfboards
Surfboardfinnen sind als Leit- und Steuertragflächen im Bereich des Hecks eines Surfboards wirksam. Für die Montage von unterschiedlichen Finnen an Surfboards sehen die Hersteller unterschiedlich standardisierte Einbauflansche vor. Bei Surfboards in Fahrt und beim Manöv-rieren ist neben der hohen mechanischen Belastung der strömungsmechanisch wirksamen Bauteile im Bereich des Unterwasserschiffes, die optimale und an Strömungswiderständen arme Funktionsweise entscheidend für die Fahrleistung. Grundsätzlich sind bei leistungs-optimierten Seefahrzeugen vom Stand der Technik und all ihren Bauteilen Robustheit, Form-haltigkeit, Funktion und Lebensdauer bei geringem Gewicht von Bedeutung.
Zum Lateralplan eines Seefahrzeugs zählen alle fluidmechanisch wirksamen Leitflächen im Unterwasserbereich. Bei Surfboards vom Stand der Technik gehören die als Leitflächen ausgeführten Finnen am Heck zum Lateralplan. In Fahrt bilden diese fluidmechanisch wirksame Leitflächen im Unterwasserbereich mit symmetrischem Profil nach Stand der Technik dann einen fluiddynamisch wirksamen

Tragflügel aus, wenn eine nicht axiale Anströmung gegeben ist. Dies gilt insbesondere für Surfboardfinnen mit symmetrischem Profil nach Stand der Technik. Die aus dem hydrodynamischen Auftriebsgebaren der Surfbrettfinnen resultierende Querkraft wird beim Manövrieren genutzt. Surfbrettfinnen nach Stand der Technik sind üblicherweise aus symmetrisch-profiliertem Vollmaterial. Für das Flügelende der Leit- und Steuertragfläche, insbesondere den Randbogen (die Kontur des vom Surfbrettkörper abweisenden, freien Surfbrettfinnenflächenendes) sind unterschiedliche Formen bekannt.

Stand der Wissenschaft, Biologie und Bionik.
Flossen von Fischen und Meeressäugern dienen der Propulsion, dem Manövrieren und dem Stabilisieren des Lebewesens in Bewegung (in Fahrt). Biologische Flossen sind ihrer Art nach aktive Propulsions-, Leit- und Steuerflächen, können jedoch auch passive und strömungs-adaptive Leistungen übernehmen. Die Flossen mancher Fischarten weisen eine komplexe Konstruktion mit Membranen und mehreren einbeschriebenen Stützstrukturen (Flossen-strahlen) auf.

Bei Wasserlebewesen besitzen die Flossen in der Regel eine in der Tragflächenwurzel angesiedelte, vielachsig bewegliche Knochengelenk-Kinematik. Eine Vielzahl von Gelenken rezenter Wirbeltierskelette, wie beispielsweise die Mittelhandknochen und die Ellenbogen-gelenke, bilden komplexe, mehrachsige, räumlich wirksame Getriebesysteme aus. Das Handgelenk rezenter Lebewesen und dessen evolutionsbiologisch relevante Frühstadien die als Fossilen vorliegen, können als biologisches Vorbild für eine vielachsige (technische) Kinematik dienen. Das kinematische Wirkprinzip dieser technischen Vielachsen- Scharnier- Kinematik ist jenes von mehreren dreidimensional-räumlich verbundenen, zwangsbewegten Klappen, deren (lokale) Scharnier-Drehachsen einen gemeinsamen (lokalen) Schnittpunkt besitzen. Je nach Zuordnung der Freiheitsgrade der im Sinne einer kinematischen Kette ein (lokales) räumliches Getriebe bildenden Scharniere, stellen die zwangskinematischen dreidimensionalen Winkelbewegungen der Plattenebenen des kinematischen Systems ein Untersetzung- oder eine Übersetzung dar. Bei mechanischer Beaufschlagung bilden die beschriebenen Gelenkplattenkinematiken abhängig von der Anordnung der Gelenk- und Fixationsebenen Gewölbeformen aus.

Bionik. Die belebte Natur hat in den Jahrmillionen der biologischen Evolution äußerst effiziente und Ressourcen schonende Lösungen hervorgebracht. Aufgabe der Bionik ist es, Prinzipien der belebten Natur zu entschlüsseln, mit dem Ziel, diese auf künstliche Systeme, auf Artefakte, ja letztendlich auf Maschinen zu übertragen. Die Bionik verbindet die Naturwissenschaften mit den Ingenieurwissenschaften.

Für die näherungsweise zweidimensionale (ebene) Betrachtungsweise hinsichtlich der Gelenke rezenter Wirbeltierskelette ist es möglich, ein sehr einfaches ebenes kinematisches Gelenkplattenschema herzuleiten, mit dem die Übertragung von Prinzipien biologischer vielachsig-belastungsadaptiver Zwangskinematiken (intelligente Mechanik) auf technische Systeme, insbesondere Leit- und Steuerflächen für Seefahrzeuge gelingt.

Problembeschreibung
Bei Leit- und Steuerflächen von Seefahrzeugen, wie etwa Surfboardfinnen und anderen fluidmechanisch wirksamen, Querkraft erzeugenden Tragflächen taucht das

Problem der beidseitigen fluidischen Beaufschagbarkeit im Betrieb auf. Deshalb haben Leit- und Steuerflächen, von Seefahrzeugen im Allgemeinen symmetrische Profile. Dies gilt auch für am Surfboard zentral angeordnete Finnen. Auf dem Gebiet der Surfboardfinnen sind wölbbare oder scharnierartig ausgeführte Konstruktionen und Bauweisen nicht Stand der Technik. In Fahrt und beim Manövrieren von Seefahrzeugen sind flexible, nichtsymmetrische Profile wünschenswert.

Problemlösung
Die Finne für Surfboards wird als strömungsadaptives und profilvariabel ausgeführtes fluiddynamisch wirksames Tragflächensystem ausgeführt.
Teile des fluiddynamisch wirksamen Tragflächensystems sind dabei in einer Ebene längs der Strömungshauptrichtung beweglich gelagert als Klappenprofil angeordnet. Weitere Teile des Tragflächensystems sind als bewegliche, passiv vom Strömungsdruck beaufschlagbare, also strömungsadaptive Tragflächen ausgeführt derart, dass diese bei nichtaxialer Anströmung der Finnentragfläche automatisch nach Lee um wenige Winkelgrade ausgelenkt wird und durch eine Mehrachsen- Scharnier- Kinematik dem beweglichen Finnentragflügel zwangskinematisch eine fluidmechanisch günstige Form im Sinne einer Wölbverformung aufprägen. Die leewärtige Passivbewegung der strömungsadaptiven Finnentragfläche folgt der Hauptströmungsrichtung des Fluids. Die Mehrgelenkkinematik wird in zwei Ebenen als Gelenklager im Sinne eines Scharniers ausgeführt, die den Finnentragflügel ausbildenden Tragflächenteile hingegen werden in einer stofflichen Verbindung als Biegebauteil ausgeführt, welches ein, die Gesamtfläche in ihre Ruhelage zwingendes Rückstellmoment bereitstellt. Die Konstruktion des Tragflügels der Finne ist resilient und es sind natürliche Werkstoffe (Holz) und rezyklierbare Werkstoffe (Stahl, Messing) vorgesehen.

Erreichbare Vorteile
Durch die nach Lee gerichtete Passivbewegung der Finnentragfläche wird erreicht, dass – vermittelt über die beschriebene zwangskinematischen Wölbverformung die Profilkontur der Finnentragfläche eine strömungsgünstige, den Formwiderstand mindernde und den dynamischen Vortrieb steigernde Gestalt passiv, automatisch, d.h. geometrisch autoadaptiv und energetisch autonom, annimmt. Die resultierende Widerstandsminderung im Bereich des Unterwasserschiffs beeinflusst die Energiebilanz des Gesamtsystems positiv. Die Fluidmechanische Wirksamkeit einer strömungsadaptiven und profilvariabel ausgeführten Finnentragfläche ist höher als jener eines vollsymmetrischen Finnenprofils vom Stand der Technik.
Das die stofflichen Verbindung als Biegebauteil herstellende und das die Gesamtfläche in ihre Ruhelage zwingende Rückstellkraft bereitstellende Gestaltungsmerkmal der biegeelastischen Finne führt zu einer sehr kompakten und kostengünstigen Konstruktion.
Weil die Konstruktion des Tragflügels der Finne resilient ist und natürliche und rezyklierbare Materialien eingesetzt werden ist die Finne Umwelt- und ressourcenfreundlich. Größe, Form und Biegesteifigkeit der Finne sind skalierbar und die damit Gesamtkonstruktion für unterschiedliche Einsatzgebiete abstimmbar.

Aufbau, bauliche Ausführung und Wirkungsweise

Fluidmechanisch wirksame Leit- und Steuertragflächen sind in der Regel profiliert ausgeführt. Das vom Surfboard abgewandte Finnentragflächenende (Tragflächenrandbogen) ist typenbedingt geformt und kann mit unterschiedlichen Konturen ausgebildet sein. Für Surfboardfinnen vom Stand der Technik sind unterschiedliche Profile und Profilkombinationen bekannt.

Die Beschreibung des Aufbaus, der baulichen Ausführung und der Wirkungsweise betrifft eine Surfboardfinne, deren Gestalt sich der beaufschlagenden Strömung selbstständig anformt. Die elastische Belastungsadaption wird über die besondere Gestaltung eines über drei Achsen beweglichen Gelenkgetriebes erreicht. Die Finne ist mit einer strömungsmechanisch wirksamen, in mechanischer Ruhelage achssymmetrischen Profilkontur, ausgeführt und zur gestaltkompatiblen Montage an standardisierte Einbauflansche für Surfboards diverser Hersteller geeignet. Die Einbauflansche sind nicht Gegenstand der Erfindung. Das Surfboard ist nicht Gegenstand der Erfindung. Für die Montage von unterschiedlichen Finnen an Surfboards sehen die marktführenden Hersteller standardisierte Einbauflansche vor. Das bei dieser Konstruktion zur Anwendung kommende „Terminal", welches zu dem Einbauflansch des Surfboards kompatibel ist, entspricht einem über Länge L, Tiefe T und Dicke D standardisierten Rechteckprisma.

Liste der Merkmale und Erläuterung der Abbildungen

Konstruktionskomponenten
FFIN   Finnenflügel
FPLUG   Finnenmontageflansch
FWUR   Finnenwurzel
FTIP   Finnenflügelrandbogen

Gelenke
GB   bugwärtiges Gelenk
GH   heckwärtiges Gelenk

Bereiche und Ebenen
EGB   Gelenkebene des bugwärtigen Gelenks
EGH   Gelenkebene des heckwärtigen Gelenks
EGV   Gelenkebene des Biegegelenks

Finnenmontageflansch
Länge $L = 115$ [mm]
Tiefe $T = 18$ [mm]
Dicke $D = 7$ [mm]

Die für Finnenwurzel-Bereich, kompatibel zu Terminal zur Anwendung kommende „Box" ist beliebig und nicht relevant für die Erfindung nach Anspruch 1. In der Abbildung Figur 1 wird der Finnenwurzel-Bereich FWUR, kompatibel zu Terminals eines weltweit agierenden Herstellers als Rechteckprisma dargestellt.

Bauweisen und Bauausführungen der Anmontage einer Finnentragfläche an ein Surfboard sind nicht Gegenstand der Erfindung.

Aufbau und bauliche Ausführung.
Der Finnenflügel FFIN, besteht aus dem bugwärtigen Finnenflügelteil und einem heckwärtigen Finnenflügelteil. Seine Geometrie kann skaliert und unterschiedlich ausgeführt sein. Durch Variation des Finnenbiegebereichs am Tragflügelrandbogen FTIP können unterschiedlich rückstellende Biegemomente realisiert werden, schematisch dargestellt in der skizzenhaften Zeichnung Figur 1. Der Finnenflügel FFIN, sowie die Finnenwurzel FWUR und der Tragflügelrandbogen FTIP bilden eine konstruktive und organisatorische Einheit.

Das bugwärtige Gelenk GB, das heckwärtige Gelenk GH und der Finnenbiegebereich (Konstruktionsparameter) FTIP bilden gemeinsam ein über drei Achsen definiertes und in GB und GH bewegliches Gelenkgetriebe aus. Das bugwärtige Gelenk GB und das heckwärtige Gelenk GH sin ihrer Art nach aus Stahl oder Buntmetall gefertigt. Beim Finnentragflügel FFIN bilden eine (vertikale) Sparung und der Finnenbiegebereich FTIP ein biegeelastisches Strukturgelenk aus. Das Strukturgelenk stellt ein rückstellendes Moment her. Das rückstellende Moment und die zueinander angewinkelten Gelenkebenen EGB und EGH bewirken, dass der Finnenflügel FFIN, in einem durch die Strömungskräfte unbeaufschlagten Zustand eine neutrale, ebene Ausrichtung annehmen und der Finnentragflügel keine Querkräfte (Auftrieb) erzeugt. Finnenwurzel FWUR und der Flansch FPLUG dienen der Montage in einem Terminal dessen Bauweisen und Bauausführungen der Anmontage nicht Gegenstand der Erfindung ist. Die baulichen Zusammenhänge sind unter Hinzuziehung der Liste der Merkmale aus der schematischen Skizze in den Abbildungen Figur 1. Die Gesamttragfläche FFIN ist in klassischer Urformbauweise oder spanend nach Stand der Technik fertigbar; bevorzugtes Material ist Holz. Die bauliche Ausführung des Finnentragflügels FIN entspricht einer Differential-konstruktion.

Wirkungsweise
Der Tragflügel FFIN, ist Teil der Lateralfläche des Surfboard-Fahrzeugs. Erfindungsgemäß sind Teile des fluiddynamisch wirksamen Tragflächensystems in einer Ebene längs der Strömungs-hauptrichtung beweglich gelagert angeordnet. Weitere Teile des Tragflächensystems sind als bewegliche, passiv vom Strömungsdruck beaufschlagbare, also strömungsadaptive Tragflächen ausgeführt derart, dass diese bei nichtaxialer Anströmung der Finnentragfläche automatisch nach Lee (auf die der Strömung abgewandte Seite) um wenige Winkelgrade ausgelenkt wird und durch eine Mehrachsen- Kinematik dem beweglichen Finnentragflügel zwangskinematisch eine fluidmechanisch günstige Form im Sinne einer Wölbverformung aufprägen. Die leewärtige Passivbewegung der strömungsadaptiven Finnentragfläche folgt der Hauptströmungsrichtung des Fluids. Die Mehrgelenkkinematik wird in zwei Ebenen als Gelenklager ausgeführt, die den Tragflügel ausbildenden Tragflächenteile hingegen werden in einer stofflichen Verbindung als Biegebauteil ausgeführt, welches eine, die Gesamtfläche in ihre Ruhelage zwingende Rückstellkraft bereitstellt.

Wirkungsweise. Geometrie des räumlich beweglichen Tragflügels in Ruhelage.
In Ruhelage und in einem nicht durch Querströmung beaufschlagten Zustand bildet der Finnenflügel FFIN einen fluidmechanisch wirksamen Widerstandskörper. Weil die vertikale Sparung und der Finnenbiegebereich FTIP ein biegeelastisches

Strukturgelenk ausbilden und dieses Strukturgelenk ein rückstellendes Moment bewirkt, sowie der Finnenflügel FFIN, in einem durch die Strömungskräfte unbeaufschlagten Zustand eine neutrale, ebene Ausrichtung annimmt, werden vom Finnentragflügel keine Querkräfte (Auftrieb) erzeugt.

Wirkungsweise. Geometrie des räumlich beweglichen Tragflügels unter nichtzentraler fluidischer Beaufschlagung.

Während des bestimmungsgemäßen Betriebs, insbesondere beim Manövrieren wie oben beschrieben, tritt am Unterwasserschiff des Surfboards eine nicht zentralsymmetrische, fluidische Beaufschlagung des Finnenflügels auf. Die auf die Finne wirkende, resultierende Strömungsbewegung lässt sich in einen parallel zur Symmetrieachse des Seefahrzeugs liegenden Anteil und in einen quer dazu liegenden Anteil beschreiben, was für die Erklärung der fluidmechanischen Wirkungsweise strömungsbeaufschlagter, räumlich Leitflächen an Finnentragflächen von Bedeutung ist. Eine Surfboardfinnen-Tragfläche mit symmetrischem Tragflächenprofil nach Stand der Technik besitzt auch bei nichtzentraler fluidischer Beaufschlagung einen Betriebsbereich, in dem das Verhältnis aus erlittenem Widerstand und der für das Voranbewegen und Manövrieren erforderlicher erzeugter Querkraft vertretbar ist, oder kurz: auch symmetrische Profile erzeugen bei nicht zentraler Beaufschagung „Auftrieb". Der Betriebsbereich (Anströmwinkel, Geschwindigkeit) eines nichtsymmetrischen Tragflächenprofils wird im Auslegungsfall aber erheblich größer sein, als jener eines vergleichbaren symmetrischen Tragflächenprofils. Bei fluidischer Beaufschlagung (also im nichtsymmetrischen Anströmungsfall) vollführt der Tragflügel FFIN durch die seiner Fläche einbeschriebenen Gelenke GB und GH eine zwangskinematische Klappbewegung. Gleichzeitig erfolgt über das Strukturgelenk im Finnenbiegebereich ein Rückstellmoment. Es stellt sich ein Gleichgewichtszustand ein und die Tragflügelfläche FIN erfährt eine Wölbung.

Fluidmechanische Wirkungsweise.

Bei nichtaxialer Anströmung arbeitet eine reguläre Surfbrettfinne als fluiddynamische und querkrafterzeugende Auftriebsfläche. Durch die bei nicht axialer Auslenkung infolge fluidischer Beaufschlagung erzwungene Wölbgeometrie entsteht ein fluidmechanisch wirksames, vorteilhaft profiliertes Tragflächensystem.

Bibliographie und Quellen, Entgegenhaltungen

[Abbo-59]   Ira H. Abbott, Albert E. von Doenhoff: Theory of Wing Sections: Including a Summary of Airfoil Data. Dover Publications, New York 1959,

[Die14]   Dienst, Mi. (2014) Fluiddynamisch wirksames lateralsymmetrisches Strö-mungsprofil aus geometrischen Grundfiguren für Kanupaddel. (GM308). Gebrauchsmuster-Nr. 20 2014 003 346.3, IPC: F15D 1/10

[Die 16]   Dienst, Mi. (2016) THE ORIGIN OF BIOLOGICAL COMPLEX GEAR, Design Intent regarding Surfboard fins with "Intelligent Mechanics, i-mech". GRIN-Verlag GmbH München, ISBN(e-Book): 9783668264779, ISBN(Buch): 9783668264786

[Eppl-90]   Richard Eppler: Airfoil Design and Data. Springer, Berlin, New York 1990,
[Gorr-17]   Edgar Gorrell, S. Martin: Aerofoils and Aerofoil Structural Combinations. In: NACA Technical Report. Nr. 18, 1917.
[Katz-01]   Joseph Katz, Allen Plotkin: Low-Speed Aerodynamics (Cambridge Aerospace Series) Cambridge University Press; 2 edition (February 5, 2001)
[Mial-05]   B. Mialon, M. Hepperle: "Flying Wing Aerodynamics Studies at ONERA and DLR", CEAS/KATnet Conference on Key Aerodynamic Technologies, 20.-22. Juni 2005, Bremen.

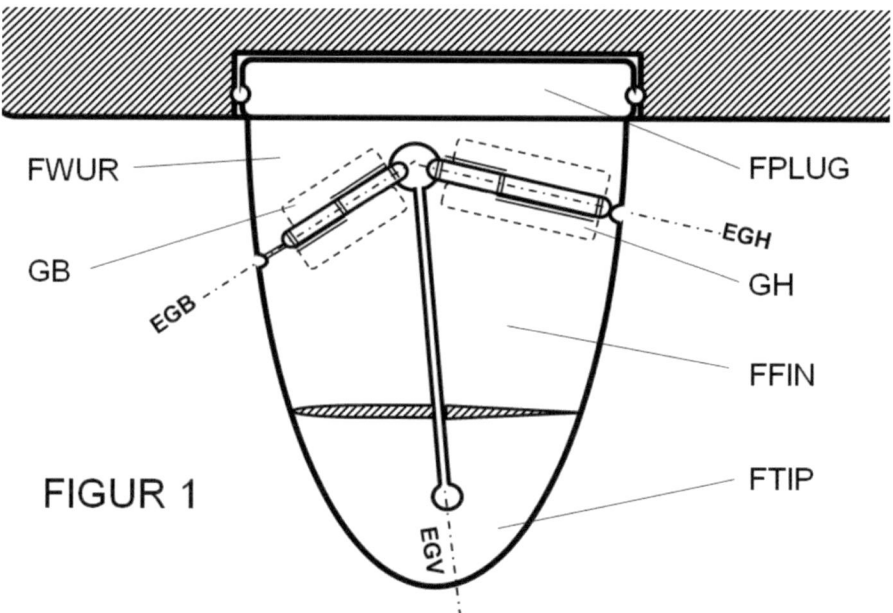

FIGUR 1

Ansprüche

(1) Surfboardfinne, deren Gestalt sich der beaufschlagenden Strömung selbstständig anformt, dadurch gekennzeichnet,

dass ein bugwärtiger Surffinnentragflächenteil, ein heckwärtiger Surffinnentragflächenteil, die scharnierartig ausführbaren und das die Surfbrettfinnentragflächenteile verbindenden Gelenke eine konstruktive und funktionale Einheit bilden.

(2) Surfboardfinne nach Anspruch 1 dadurch gekennzeichnet,

dass das Gelenkplattensystem unter fluidischer Beaufschlagung ein strömungsmechanisch vorteilhaftes Surffinnentragflügelsystem ausbildet.

(3) Surfboardfinne nach Anspruch 1 dadurch gekennzeichnet,

dass die Finne ist symmetrisch ausgeführt und zur gestaltkompatiblen Montage an standardisierte Einbauflansche für Surfboards diverser Hersteller geeignet ist.

(4) Surfboardfinne nach Anspruch 1 dadurch gekennzeichnet,

dass das Tragflügelteil der Surfboardfinne eine strömungsmechanisch wirksame und bauartbedingt, eine sowohl zentral- als auch achssymmetrische Profilkontur besitzt

(5) Surfboardfinne nach Anspruch 1 dadurch gekennzeichnet,

dass die Konstruktion des Tragflügels der Finne ist variabel ist und unterschiedliche Materialien einsetzbar sind.

BEI GRIN MACHT SICH IHR WISSEN BEZAHLT

- Wir veröffentlichen Ihre Hausarbeit, Bachelor- und Masterarbeit

- Ihr eigenes eBook und Buch - weltweit in allen wichtigen Shops

- Verdienen Sie an jedem Verkauf

Jetzt bei www.GRIN.com hochladen und kostenlos publizieren